Te $\frac{1}{525}$

DU

SESQUICHLORURE

DE FER LIQUIDE.

RÉPONSE DE M. MAGNES-LAHENS

A

M. BURIN DU BUISSON.

TOULOUSE,

IMPRIMERIE DE A. CHAUVIN,

RUE MIREPOIX, 3.

—

1861.

DU

SESQUICHLORURE DE FER LIQUIDE.

I.

M. Burin du Buisson publia, dans le *Journal de chimie médicale*, n° de juin 1855, sous le titre de : préparation du perchlorure de fer liquide considéré comme agent coagulateur du sang, un procédé consistant :

1° A purifier le sulfate de fer du commerce au moyen de la limaille de fer, de l'eau et de l'acide sulfurique ;

2° A filtrer le soluté de sulfate de fer ainsi dépouillé de son cuivre, et à le traiter par de l'acide sulfhydrique en solution dans l'eau ;

3° A additionner le liquide filtré de suffisante quantité d'acide sulfurique, à le porter à l'ébullition, et à verser peu à peu de l'acide azotique jusqu'à ce que la dernière affusion ne donne plus lieu à un dégagement de vapeurs rutilantes ;

4° A additionner le liquide de suffisante quantité

d'eau , à précipiter tout le fer à l'état de sesquioxyde par un léger excès d'ammoniaque liquide , à laver le précipité à l'eau pure un grand nombre de fois , et à le faire sécher à l'air ;

5° A calciner au rouge, dans un vase en fer battu, le sesquioxyde sec et pulvérisé ;

6° A dissoudre le sesquioxyde dans l'acide chlorhydrique blanc et pur , etc.

« En opérant de la sorte, on obtient, dit M. Burin » du Buisson , un liquide très-limpide ayant seule- » ment une légère réaction acide, mais parfaitement » pur , au maximum de saturation et toujours iden- » tique , se conservant parfaitement sans aucun dé- » pôt de sel , pourvu qu'il soit tenu dans un vase » bien bouché , marquant de 43,5 à 44° ; cinq à » six gouttes de ce liquide mêlé à un blanc d'œuf, » délayé dans 20 grammes d'eau, suffisent pour faire » prendre le tout en masse. »

Le procédé de M. Burin du Buisson me parut trop compliqué et surchargé , comme à dessein , d'opéra- tions et de soins superflus ; je regardai comme tels :

1° L'intervention de l'acide sulfhydrique ;

2° La calcination du sesquioxyde de fer ;

3° L'emploi de l'acide chlorhydrique *blanc* et *pur* ;

En conséquence , pour obtenir , dans mon labora- toire du chlorure de sesquioxyde de fer liquide , je me bornai à saturer l'acide chlorhydrique du com- merce par l'hydrate de sesquioxyde de fer , que tous les pharmaciens conservent, dans leur officine, en prévision des empoisonnements par l'acide arsé-

nieux. Je ne fus pas mécontent du produit obtenu.
Désireux de le comparer à celui que M. Burin du
Buisson préparait à Lyon, je m'en procurai un flacon par l'entremise de mon ami M. Guilliermond ; la
comparaison me parut être en tout point à l'avantage
de mon produit, et cette appréciation fut confirmée
par plusieurs de mes confrères de Toulouse. Ils con-
statèrent avec moi que le chlorure de M. Burin du
Buisson avait laissé déposer sur les parois et au
fond du flacon un précipité jaune ocreux, tandis
que le mien, plus récemment préparé il est vrai,
était parfaitement limpide; que le premier avait une
densité de 28°, et le second une densité de 44°;
qu'ils étaient l'un et l'autre sensiblement acides,
mais que le premier l'était plus que le second ;
qu'enfin cinq gouttes de mon chlorure équivalaient,
par leur propriété coagulante sur le blanc d'œuf, à
huit ou dix gouttes du chlorure de M. Burin du
Buisson. Je lus, dans la séance du 6 novembre 1853
de l'Association des pharmaciens de la Haute-Garonne,
une note relatant les faits que je viens d'exposer.
Cette note fut imprimée dans le compte-rendu de
la séance; elle n'avait rien de blessant, ni dans le
fond, ni dans la forme, pour le caractère de M. Burin du Buisson. Ce n'était pas ma faute si la liqueur
de mon confrère de Lyon ne m'avait présenté presque aucun des caractères que son auteur lui avait
assignés.

J'avais depuis longtemps oublié cette note, lorsque je reçus, il y a quelques mois, une brochure

de 392 pages, au millésime de 1860, publiée par M. Burin du Buisson, et ayant pour titre : *Traité thérapeutique du perchlorure de fer*, etc., ouvrage couronné par l'Académie impériale de médecine de Paris. Je me mis à feuilleter cette brochure et je m'aperçus que, dès les premières pages, l'auteur m'y prodiguait les traits d'une critique blessante, à propos de cette petite note de 1853, que je croyais oubliée de tout le monde comme de moi-même.

La critique de M. Burin du Buisson étant inconvenante dans la forme et marquée au cachet de la plus vive passion, me parut porter en elle-même le remède au mal que son auteur s'efforçait de me faire ; je ne m'arrêtai pas un seul instant à l'idée de la réfuter, dans la confiance où j'étais que les lecteurs impartiaux discerneraient facilement de quel côté se trouvaient la vérité et le bon droit.

Mon dessein était donc de garder le silence, lorsque plusieurs médecins et pharmaciens de Toulouse m'ont représenté que je devais aux intérêts scientifiques et professionnels de la pharmacie de repousser les attaques injustes de M. Burin du Buisson. Cédant aux conseils de ces hommes haut placés dans le corps médical, je me suis décidé à répondre.

Je prouverai d'abord que la critique que j'avais faite en 1853 du procédé de M. Burin du Buisson et du produit de ce procédé, était et reste encore aujourd'hui parfaitement fondée.

Je réfuterai ensuite la diatribe de M. Burin du Buisson.

Je ferai connaître enfin les motifs qui la lui ont dictée.

II.

Après un très-court préambule, je disais dans ma note de 1853 :

« Je ne suivrai pas, en tous points, les manipu-
» lations décrites par M. Burin du Buisson, me
» bornant à disputer en peu de mots celles qui me
» semblent superflues. » Or, la première manipulation, celle qui consiste à enlever, par la limaille de
fer, au sulfate de fer le cuivre qu'il contient presque
toujours, étant, à cause de son incontestable utilité,
placée tout naturellement hors de toute discussion,
je passai à la deuxième manipulation qui me parais-
sait au contraire superflue. Je disais de cette seconde
manipulation :

« M. Burin du Buisson fait intervenir dans sa
» préparation de l'hémostatique Pravas l'acide sulf-
» hydrique, dans le but sans doute d'éliminer l'ar-
» sénic, le manganèse et le zinc (1) que peut renfermer
» le sulfate de fer ; mais en admettant que le sul-
» fate de fer que l'on emploie contînt ces métaux,
» leur proportion est d'ordinaire assez faible pour
» qu'on n'ait pas à se préoccuper de leur présence

---

(1) Je ne pouvais évidemment pas citer en même temps que ces métaux le cuivre déjà éliminé par la première manipulation. Cependant,
ce silence parfaitement logique m'a valu, de la part de M. Burin du
Buisson, des reproches amers de légèreté, d'ignorance, etc.

» dans le médicament externe qui nous occupe. »

Ces assertions me parurent si justes, si conformes à la doctrine pharmaceutique universellement enseignée dans les livres et dans les cours, et pratiquée dans les laboratoires, que je ne crus pas utile de les appuyer de preuves. Il en a semblé bien autrement à M. Burin du Buisson, et c'est en interprétant à sa manière ces quelques lignes, en me faisant dire ce que je n'ai point dit, en s'appuyant d'ailleurs sur l'autorité d'auteurs qu'il cite mal à propos ou d'une manière inexacte, qu'il est parvenu à soutenir, dix-sept pages durant, une thèse impossible.

Voici les preuves qui m'avaient d'abord paru inutiles, et que les dénégations de M. Burin du Buisson ont rendues nécessaires.

Les auteurs de pharmacie se sont si peu préoccupés du danger qu'il y aurait à préparer le sesquichlorure de fer sans l'intervention de l'acide sulfhydrique, que pas un seul ne recommande cette intervention, pas plus MM. Soubeiran, Bonsdorff, Légrip, cités à tort par M. Burin comme la prescrivant, que MM. Guibourt, Chevalier, Lecanu, Dorvault, etc. Il est plus, ces auteurs négligent cette intervention dans la purification du sulfate de fer du commerce, et dans la préparation de tous les médicaments ferrugineux, *même de ceux qui sont uniquement destinés à l'usage interne.* Ces auteurs se contentent tous de prescrire la purification du sulfate de fer par la manipulation inscrite en tête du procédé Burin du Buisson, c'est-à-dire par l'eau, l'acide sulfurique et la limaille de fer pure , qui précipite le cuivre. J'ose affirmer , en outre , que tous les praticiens de Paris, comme ceux de Lyon , comme ceux de Toulouse et d'ailleurs , ne purifient pas autrement le sulfate de fer destiné aux médicaments proprement dits qui ont le fer pour base. Il est un seul composé ferrugineux , le sesquioxyde de fer hydraté , pour la préparation duquel M. Legrip d'abord, puis Orfila et Soubeyran , ONT CONSEILLÉ l'intervention de l'acide sulfhydrique , encore *n'est-ce que dans le cas particulier où le sesquioxyde de fer doit être administré comme antidote de l'acide arsénieux.*

« Ce n'est pas, dit Orfila (1), que le sesquioxyde de
» fer contenant une certaine quantité d'arséniate de
» fer fût lui-même vénéneux, car l'expérience prouve
» qu'il n'exerce aucune action nuisible sur l'économie
» animale , mais parce que, si plus tard le malade
» venait à succomber et qu'il fallût se livrer à des
» recherches médico-légales, l'arsénic que pourrait
» contenir l'antidote administré, serait une cause
» d'embarras et viendrait compliquer les résultats (1).»

M. Legrip rapporte, page 40 du *Journal de chimie médicale*, année 1841 , qu'ayant traité, par le procédé de Marsh, de l'hydrate ferrique, il y avait découvert de l'arsénic, mais la quantité était si minime, ajoute M. Legrip, « que nous ne craignons
» pas de dire que beaucoup de substances alimentai-
» res peuvent nous en faire ingérer, chaque jour ,

<hr>

(1) Orfila , *Traité de toxicologie* , 5e édition , t. I , p. 448.

» plus que ne ferait jamais le peroxyde que nous
» avons traité , en quelque quantité qu'il puisse être
» nécessaire pour combattre un empoisonnement.

» Quelque minime cependant que soit cette quan-
» tité d'arsénic dans l'hydrate de fer , quelque inof-
» fensive qu'elle puisse être , nous pensons que, dans
» l'intérêt de tous, il convient qu'on puisse éliminer
» complètement d'un *antidote* une substance véné-
» neuse qu'il est destiné à combattre. »

D'après tout ce qui précède , n'étais-je pas dans la
saine doctrine et dans la vérité en écrivant, en 1853,
que l'intervention de l'acide sulfhydrique dans la
préparation du sesquichlorure de fer était superflue ,
et qu'il n'y avait pas à se préoccuper des traces d'arsénic que pourrait contenir le sulfate de fer destiné à
la préparation de ce médicament ?

Encore un mot touchant l'acide sulfhydrique que
M. Burin du Buisson prescrit d'employer en dissolu-
tion dans l'eau. Nous nous permettrons de faire observer que cette forme de l'acide sulfhydrique est la
plus incommode , la plus coûteuse et la moins sûre
de toutes pour atteindre le but proposé. Il est vrai
que M. Burin du Buisson dit, dans sa brochure de
1860 , avoir modifié en ce point sa première formule ;
mais ce changement ne prouve que mieux la justesse
de mon observation.

Je n'aurai pas à prouver le second chef de ma critique , à savoir, l'inutilité de la calcination du sesquioxyde de fer, car M. Burin du Buisson avoue ,
dans sa brochure , qu'il y avait renoncé dès le 16 jan-

vier 1854, c'est-à-dire postérieurement à ma note.

J'arrive au troisième chef de ma critique. Il me sera très-aisé de prouver que l'acide chlorhydrique ordinaire peut remplacer sans inconvénient l'acide blanc et pur prescrit par M. Burin du Buisson dans la préparation du sesquichlorure de fer. Qu'est-ce qui s'y opposerait? Serait-ce, par hasard, le sesquichlorure de fer contenu dans l'acide chlorhydrique ordinaire? Le prétendre, serait faire rire de soi. Serait-ce des traces d'acide sulfurique? Mais le sulfate de sesquioxyde de fer qui en résulterait n'altèrerait en rien, par sa minime quantité, les qualités du sesquichlorure dont il possède exactement les propriétés hémostatiques. Serait-ce l'arsénic que contient quelquefois l'acide chlorhydrique du commerce? Mais l'acide chlorhydrique que livrent les fabriques de produits chimiques sous l'étiquette d'acide blanc et pur, peut être aussi arsénical que l'acide jaune du commerce, s'il n'a subi un traitement par l'acide sulfhydrique (Dupasquier et Orfila); et comme M. Burin de Buisson ne purifie pas ainsi son acide chlorhydrique (s'il l'eût fait, il l'eût certainement dit), il s'ensuit que son acide dit blanc et pur n'offre pas, sous ce rapport, plus de garantie que celui du commerce, et que mon confrère s'expose à obtenir un sesquichlorure de fer arsénical. M. Burin du Buisson mériterait donc que je lui renvoyasse, à titre de représailles, ce dont je me garderai bien, les reproches injurieux qu'il m'adresse, parce que je ne purifie pas, par l'acide sulfhydrique, le sulfate de fer destiné à la préparation du sesquichlorure de ce métal.

Après avoir justifié la critique que j'ai faite du procédé de M. Burin du Buisson, il me reste à justifier celle que j'ai faite aussi du produit de ce procédé. Ici, mon rôle est très-facile, je n'ai qu'à me taire et à laisser parler M. Burin du Buisson. Mon confrère qui se vantait, en 1853, d'obtenir par son procédé *un produit limpide, parfaitement pur, toujours identique, très-faiblement acide, se conservant parfaitement sans aucun dépôt de sel* (1), avoue, dans sa brochure de 1860, que ce produit si hautement vanté *se trouble, s'acidifie, se décompose en laissant précipiter un dépôt ocreux d'oxydochlorure de fer.*

Cet aveu tardif ne justifie-t-il pas pleinement et au-delà de ce que je pouvais désirer, les remarques critiques que mes confrères et moi avions faites en 1853 sur le sesquichlorure de fer de M. Burin du Buisson ?

Il est digne de remarque qu'il ait fallu à mon confrère cinq ou six ans pour apercevoir ou pour avouer des défauts qu'un examen de quelques instants nous avait révélés dans son chlorure.

Je passe à la réfutation de la diatribe de M. Burin du Buisson:

III.

Mon confrère débute contre moi en m'enseignant,

(1) *Journal de chimie médicale*, 1853, p. 373.

d'un ton doctoral, comme à un élève de première
année, que le sesquichlorure de fer destiné à être
injecté dans les artères (il eût été mieux de dire dans
les sacs anévrismaux), n'est pas un médicament externe, et il me blâme en conséquence vivement
d'avoir donné au sesquichlorure de fer la qualification de médicament externe. Je réponds à M. Burin
que la faute qu'il me reproche est une pure invention
de sa part. Je n'ai écrit, en effet, nulle part que le
sesquichlorure de fer, lorsqu'il est destiné à être injecté dans les sacs anévrismaux, soit un médicament
externe. J'ai donné seulement cette qualification d'externe au sesquichlorure de fer, envisagé au point de
vue de son emploi le plus général, à l'époque où je
lus à mes confrères la note si vivement incriminée
par M. Burin : c'était le 6 novembre 1853. Les choses ont changé depuis ; mais alors et même longtemps
après le perchlorure de fer avait en province un emploi presque exclusivement externe (1) ; on y con-
naissait peu la méthode Pravas, et les fameuses
séances de l'Académie impériale de médecine, qui
donnèrent tant de retentissement à cette méthode,
n'avaient pas encore eu lieu ; ce qui n'empêche pas
M. Burin d'écrire, page 21 de sa brochure :

« Aussi notre surprise fut grande lorsque, deux ou

---

(1) Il n'existait, à cette époque, dans notre contrée, qu'un seul
fait d'injection de perchlorure de fer pratiqué à l'Hôtel-Dieu de Toulouse dans une tumeur érectile chez un enfant, le 10 octobre 1853.
Ce fait, qui m'a été signalé par le Dr Lafforgue, est relaté dans la
Gazette de Toulouse, 1853.

» trois mois après cette mémorable discussion , nous
» vîmes un pharmacien , qui occupe pourtant un rang
» distingué parmi ses confrères , M. Magnes-Lahens,
» lequel ignorait sans doute ce qui venait de se pas-
» ser à l'Académie , du moins il faut le croire , nous
» reprocher l'emploi de substances pures dans la
» préparation de notre perchlorure de fer. »

M. Burin poursuivant son rôle d'inventeur s'occupe bientôt de mettre en scène , avec un grand luxe
de représentation , une invention plus grave pour
moi que la première , et au moyen de laquelle il s'efforce de prouver que je suis un inconséquent , un
ignorant , un confrère à conseils dangereux , un héré-
siarque en pharmacie , etc. Pour que ses coups
portent mieux , il n'oublie pas de dire que je passe
pour un homme important à Toulouse et que je suis
professeur suppléant à l'École secondaire de médecine et de pharmacie.

Voici l'invention :

J'avais avancé , dans ma note de 1853 , et j'ai
prouvé , dans le paragraphe précédent , que la purification du sulfate de fer au moyen de l'acide sulfhydrique , était superflue quand on a pour but d'obtenir
du sesquioxyde de fer destiné à être converti en chlorure. M. Burin feint aussitôt de croire que je rejette
toute purification du sulfate de fer , et que j'emploie
du sulfate de fer ordinaire ou du commerce pour obtenir , dans mon laboratoire , le sesquioxyde de fer
qui sert de base à mon chlorure. S'enhardissant à
proportion qu'il exploite contre moi sa feinte croyance,

il va jusqu'à la transformer en un aveu de ma part ; car, après avoir cité un passage de ma note , dans laquelle je dis que je prépare le chlorure de fer avec l'acide chlorhydrique ordinaire et l'hydrate de peroxyde de fer que tous les pharmaciens conservent dans leurs officines , en prévision des empoisonnements par l'acide arsénieux : « Très-bien , monsieur , réplique » M. Burin , mais l'hydrate de votre officine a été » préparé , comme vous avez eu soin de nous le dire, » avec le sulfate de fer ordinaire ou du commerce ! »

Non-seulement cet aveu n'existe ni explicitement ni même implicitement dans ma note de 1853 , mais il résulte , au contraire, des premières lignes de cette note , ainsi que je l'ai démontré au commencement du précédent paragraphe , que si , dans la préparation du sesquichlorure de fer , je regarde comme superflue la purification du sulfate de fer par l'acide sulfhydrique , j'admets et je pratique , au contraire , avec tous mes confrères, la purification par la limaille de fer. En vérité , il paraît impossible d'aller plus loin en fait d'invention ; je me trompe : l'échantillon suivant offre plus de verve et d'entrain. Il s'agit du procédé Bonsdorff, dont M. Burin va m'opposer l'autorité, quelques pages plus loin , pour me prouver la nécessité de l'intervention de l'acide sulfhydrique. Il décrit ce procédé de la manière suivante (page 28 de sa brochure).

« Prenez :

» Sulfate de fer du commerce de couleur émeraude. 1000

» Eau. 3000

» Limaille de fer pure. 100

» Acide sulfurique. 15

» On introduit le tout dans un matras, ou mieux
» dans un vase de fonte émaillé, et on laisse digérer
» sur un bain de sable jusqu'à ce que tout dégage-
» ment de gaz cesse ; on filtre, on ajoute à la liqueur
» 500 grammes d'acide sulfhydrique liquide (ou
» mieux 100 grammes de solution concentrée de
» sulfure de barium), et on laisse en repos pendant
» douze heures ; au bout de ce temps, on porte le
» mélange sur le feu, on fait bouillir une demi-
» heure et on filtre ; » mais ce prétendu procédé
Bonsdorff est composé de toutes pièces par M. Burin
du Buisson pour les besoins de sa cause, et diffère,
autant qu'il soit possible, du véritable procédé. Il n'y
a rien de commun entre eux, ni les matériaux mis
en œuvre, ni les manipulations, ni même le produit. En effet :

M. Burin met en œuvre du sulfate de fer du commerce qu'il purifie à sa manière.

Bonsdorff fait de toutes pièces du sulfate de fer pur
en mettant en présence : de l'eau, de la limaille de
fer et de l'acide sulfurique pur.

M. Burin fait intervenir l'acide sulfhydrique ou le
sulfure de barium.

Bonsdorff ne prescrit rien de semblable.

Les manipulations varient beaucoup dans les deux
procédés, par suite de la différence des matériaux

employés ; il serait trop long de faire ressortir ces différences.

Enfin, le produit du procédé de M. Burin est un *soluté* de sulfate de fer purifié ; celui de Bonsdorff est du sulfate de fer pur *en très-jolis cristaux*, exempts de sesquioxyde et d'une facile conservation. La cristallisation est obtenue à l'aide d'une foule de précautions nécessairement étrangères au procédé Burin : elles constituent tout le mérite du procédé Bonsdorff, qui se confondrait, sans cela, avec le procédé du *Codex* français.

Croyant m'avoir renversé sous ses coups, M. Burin cherche à m'achever par le ridicule. Il avait écrit, en juin 1855, que cinq gouttes de son chlorure coagulaient un blanc d'œuf mêlé à 20 grammes d'eau, et qu'une densité maximum constante, invariable de 43,5 à 44, était une condition indispensable que le chlorure devait présenter pour atteindre le but du docteur Pravas. Or, en essayant le chlorure de M. Burin, venu directement de Lyon, nous trouvâmes, mes confrères et moi, que sa densité, non mentionnée sur l'étiquette, était de 28, et son pouvoir coagulateur moindre de moitié à peu près de celui qui avait été annoncé ; tandis que le chlorure de fer que j'avais préparé d'après les données de M. Burin, moins les trois conditions rejetées par moi, offrait les caractères assignés au chlorure de fer par M. Burin lui-même. Cela nous parut si surprenant, que nous répétâmes plusieurs fois les mêmes expériences, qui nous donnèrent constamment les mêmes résultats. J'énonçai simplement ces faits sur ma note, sans en induire rien de désobligeant pour M. Burin. Voici les amabilités que mon confrère m'adresse à cette occasion :

« Mais tout ce que vous venez de nous dire là,
» cher collègue, nous paraît complètement emprunté à
» M. de La Palisse, moins toutefois la grâce naïve
» que le célèbre marquis, de drolatique mémoire,
» mettait toujours à trouver et à dire ses fameuses
» vérités, devenues proverbiales. En effet, dès le
» mois d'août 1853, après les travaux de MM. Pétre-
» quin, Valette, Desgranges à Lyon, MM. Giraldès,
» Goubaux et Debout à Paris, ainsi que par diverses
» communications que je fis moi-même à cette épo-
» que, on convint spontanément et d'un commun
» accord que la densité de la liqueur hémostatique et
» hémoplastique de Pravas, qui était primitivement
» de 45 Baumé, serait descendue à 30° ; et tout le
» monde sait que cette dernière densité de 30 Baumé
» fut généralement adoptée comme devant être le so-
» luté normal du perchlorure de fer. »

Je laisse à M. Burin la satisfaction de croire que sa boutade est pleine de convenance et d'esprit, mais je suis obligé de lui faire remarquer qu'elle ne brille pas par l'exactitude.

Tout le monde ne savait pas, et nous ignorions pour notre part, mes confrères et moi, d'une manière complète la convention spontanée dont parle M. Burin. On ne peut même pas admettre qu'elle existât avec la fixité et la généralité que lui prête

M. Burin au commencement de novembre 1855 , pas même plusieurs mois plus tard.

Voici ce qu'écrit le docteur Debout , *Journal de thérapeutique générale ,* 2° livraison de novembre 1853 , postérieurement à la lecture de ma note :

.« M. Soubeiran a eu l'obligeance de nous préparer
» trois solutions : l'une à 45° , la seconde à 30° , la
» dernière à 15°. La première est exclusivement ré-
» servée pour les expériences sur les animaux. C'est
» cette solution qui a fourni les résultats désastreux
» obtenus dans les hôpitaux de Paris , et que l'on a
» persisté à employer , malgré les avertissements que
» nous avons donnés. La seconde est expérimentée
» par les chirurgiens de Lyon ; *mais je ne doute*
» *pas qu'une étude plus complète de la ques-*
» *tion n'amène à donner la préférence à la der-*
» *nière.* »

M. Gobley , *Journal de pharmacie,* avril 1854 , page 261 , dit : « La densité de 30 est celle à laquelle
» MM. Valette, Desgranges et Pétrequin *paraissent*
» s'être arrêtés pour le traitement des varices. Quant
» à la cure des anévrismes , ces habiles chirurgiens
» pensent qu'il suffirait d'employer une solution à
» 20 et même à 15°. »

Enfin , d'après M. Burin lui-même , qui m'a tou-jours fourni jusqu'ici et qui me fournira jusqu'au bout mes meilleures armes contre lui, la fameuse convention ne serait adoptée que depuis 1854 (1).

(1) Page 375 de la brochure.

Comment aurait-elle été connue à Toulouse en novembre 1853? Comment ai-je donc pu mériter d'être présenté à mes confrères et à l'Académie impériale de médecine sous le masque grotesque du célèbre marquis de La Palisse? Décidément, M. Burin ne réussit pas mieux dans le genre bouffon que dans la discussion scientifique.

IV.

On sera sans doute surpris que M. Burin, étant si mal armé pour l'attaque et pour la défense, se soit décidé à me déclarer la guerre après six ans d'un pacifique silence. J'ai été moi-même surpris, un instant, de cette levée de bouclier, et je me suis demandé quel pouvait être le motif qui avait poussé M. Burin à sa tardive campagne contre moi.

Connaissant les tendances de M. Burin, qui transpirent malgré lui dans tous ses écrits, je me suis bien vite expliqué sa conduite envers moi. Ce n'est pas, dans M. Burin, le chimiste dévoué à la science qui a été ému de ce qu'il lui a plu d'appeler mes erreurs, mais bien l'industriel entreprenant, le spécialiste fécond qui a vu en moi un ennemi dangereux pour les destinées de son cher chlorure de fer, spécialité dorée qui, comme nous le raconte complaisamment M. Burin, a déjà enrichi tant de gens de toute espèce.

Ce sont les dernières lignes de ma note de 1853 qui ont éveillé la sollicitude paternelle de mon confrère pour son chlorure et allumé son courroux contre moi. N'avais-je pas eu envers M. Burin et son chlorure le tort impardonnable de terminer ma note de la manière suivante : Le procédé que je propose étant simple, peu coûteux et d'une exécution facile, tous les pharmaciens pourront préparer eux-mêmes leur sesquichlorure de fer, sans être obligés de recourir au laboratoire de leur confrère de Lyon ?

Ces quelques mots étaient, je l'avoue, une menace contre le monopole du sesquichlorure de fer qu'avait rêvé M. Burin, et risquaient de rendre inutile le soin infini avec lequel il avait hérissé sa formule de manipulations coûteuses et compliquées, pour la rendre en quelque sorte inaccessible à ses confrères.

M. Burin lut ma note et n'y répondit mot (1).

Il pensa que ma note, imprimée dans un compte-rendu qui n'a qu'une publicité extrêmement bornée, passerait inaperçue, et que d'ailleurs, y répondre en ce moment, c'était s'exposer à une réplique qui pourrait compromettre le succès de sa spécialité naissante, ébranlée déjà par les anathèmes de M. Malgaigne et par la déclaration peu favorable de M. Soubeyran. M. Burin savait que j'étais l'ennemi implacable

---

(1) M. Burin avoue, dans sa brochure, page 23, que M. Mouchon, son confrère, la lui communiqua. Je me permettrai de faire observer combien M. Burin fut coupable envers la science que je trahissais, envers les pharmaciens que j'égarais, envers les malades dont je compromettais la vie, de ne pas élever alors la voix contre moi, et de laisser sans réfutation, pendant six ans, mes dangereuses erreurs.

des remèdes secrets et de presque toutes les spécialités. Je venais de guerroyer alors, non sans succès et
avec une constance infatigable, contre plusieurs spécialistes, et j'avais reçu à cette occasion les vives et
publiques félicitations d'un grand nombre de pharmaciens distingués, notamment du regrettable M. Soubeyran, ennemi aussi convaincu que moi de l'industrialisme pharmaceutique ; enfin, la Société de
médecine et de pharmacie de Toulouse avait fait im-
primer récemment, à ses frais, un mémoire qui fut
reproduit dans plusieurs journaux, la *Gazette médicale de Lyon* entre autres, et dans lequel je dé-
montrais que les remèdes secrets et l'industrialisme
pharmaceutique étaient la honte et seraient la ruine
inévitable de la médecine et de la pharmacie fran-
çaises. M. Burin crut donc prudent de se taire, dans
l'intérêt de son chlorure, se réservant de me punir
plus tard de la critique que j'en avais faite.

Pendant plusieurs années, M. Burin exploita sa
spécialité sans encombre, et à peine quelques nuages
menacèrent les beaux jours de son sesquichlorure de
fer. En 1854, M. Gobley critiqua, il est vrai, le
procédé et le produit de M. Burin ; M. Monsel, en
1856, préconisa le sulfate de sesquioxyde de fer et
en fit un rival redoutable du sesquichlorure ; le con-
seil de santé des armées n'avait admis que par grâce
le sesquichlorure dans son *Formulaire* de 1854, et
l'en bannit dans celui de 1857-1858. Mais tout cela
n'était que de légers nuages en comparaison de la
tempête que vint susciter, contre le monopole de

M. Burin, le docteur Deleau, médecin en chef de la
Roquette, aidé de M. Boyle, pharmacien que M. Deleau s'était adjoint dans ses travaux. Ces messieurs
inventèrent un sirop, des pilules, des solutions pour
injections et lotions, une pommade et un sparadrap
ayant pour base le sesquichlorure de fer. Un camp
rival, fortement retranché, s'établissait donc à Paris
contre le camp lyonnais. Le danger ne pouvait être
plus pressant : M. Burin saura y faire face. En effet,
il déclare que les diverses préparations pharmaceutiques proposées par le docteur Deleau doivent être
abandonnées comme infidèles, excepté le soluté de
sesquichlorure à 30°, qui n'est, après tout, qu'une
copie mal dissimulée de l'hémostatique Pravas. Mais
cette copie, quelque blâmable qu'elle soit au point de
vue de l'équité, pourrait bien créer une concurrence
redoutable à l'hémostatique Pravas fabriqué à Lyon,
puisqu'elle lui est identique et préparée de la même
manière. Il n'est qu'un seul moyen pour M. Burin
d'éviter cet écueil : c'est de préparer son hémostatique Pravas par un nouveau procédé et de déclarer so-
lennellement que son ancien procédé est radicalement
défectueux et doit être abandonné. M. Burin n'hésite
pas à prendre ce parti suprême (pages 37 et 38 de la
brochure), comptant pour rien les démentis qu'il se
donne à lui-même, pourvu qu'il éloigne de l'arche
sainte ses indiscrets confrères.

Cela fait, affranchi d'un passé qu'il répudie et
qu'il condamne hautement lui-même, afin d'émous-
ser d'autant les traits de ma critique, mieux posé

qu'en 1853, médaillé aux expositions de l'industrie, lauréat de l'Académie impériale de médecine, inventeur d'un nouveau procédé inattaquable (1) pour la préparation de l'hémostatique Pravas, M. Burin se sent assez fort contre moi pour rompre en 1860 son long silence, et il m'attaque avec assurance.

La science n'a donc été pour M. Burin, dans la querelle qu'il m'a faite, qu'un manteau sous lequel il a caché habilement la défense d'intérêts purement mercantiles.

Tel M. Burin s'est montré dans sa discussion

(1) Malheureusement, pour M. Burin, il n'en devait pas être ainsi. Dans un excellent article publié par l'*Union pharmaceutique*, novembre 1860, M. Adrian, pharmacien de Paris, a prouvé que le nouveau procédé qui consiste à traiter le protochlorure de fer par l'acide azotique, est inexécutable tel que M. Burin l'a décrit dans sa brochure (page 18). M. Burin, en effet, n'avait oublié qu'un point : c'était..... de pourvoir au moyen de sesquichlorurer le fer, par l'addition préalable de suffisante quantité d'acide chlorhydrique. A ce procédé, qui, même avec l'addition d'acide chlorhydrique, ne peut fournir qu'un produit très-défectueux, M. Adrian propose de substituer un procédé simple, rationnel, et donnant un fort bon produit.

M. Burin s'efforce, dans l'*Union pharmaceutique*, janvier 1861, d'échapper aux critiques de M. Adrian, en commentant à sa manière et en modifiant sur plusieurs points son procédé défectueux : vains efforts. Ce procédé, laborieusement modifié, loin de donner du sesquichlorure de fer pur, ne peut donner pour produit qu'un mélange de protochlorure, de sesquichlorure et d'azotate de sesquioxyde de fer. Forcé de reconnaître la supériorité du procédé Adrian, M. Burin l'adopte, en laisse l'honneur à son confrère (pouvait-il faire autrement?) , mais il s'en ménage habilement les profits en annonçant qu'il a déjà organisé, dans son usine de Brotteaux, un appareil à l'aide duquel il opère sur 200 kilos de protochlorure, d'après le procédé Adrian. *Sic vos non vobis.....*

avec moi, tel on le retrouve dans toutes les cir-
constances.

Tous les mémoires que je connais de lui offrent le
même caractère : ou bien ils précèdent l'apparition
de ses spécialités pour leur préparer une heureuse
entrée dans le monde médical, ou bien ils les suivent
pour les propager et les défendre envers et contre
tous. On trouve, dans sa volumineuse brochure de
1860, la justification complète de ce que j'avance.
Là, ses tendances se trahissent dans de si nombreux
endroits et d'une manière si évidente, que le lec-
teur le moins attentif peut les apercevoir à chaque
page.

M. Burin aurait dû cependant comprendre que le
vrai culte de la science est incompatible avec l'exploi-
tation des spécialités pharmaceutiques, surtout comme
il la pratique ;

Qu'il ne modère pas assez son ambition lorsqu'il
aspire, pour un même travail, aux palmes académi-
ques et aux gros bénéfices des vendeurs des remèdes
secrets et des spécialités ;

Qu'en soutenant envers et contre tous, dans ses
mémoires et ses discussions scientifiques, la supériorité de ses procédés et de ses produits, qu'on sait être
pour lui la source de gros bénéfices, il s'expose à ce
que chacun réponde à ses assertions, en branlant
la tête en signe d'incrédulité : Vous êtes orfèvre,
M. Josse.

De plus, M. Burin aurait dû se souvenir que dans

3

sa supplique (1) à Sa Majesté l'Empereur des Français, au nom de la pharmacie française, contre les remèdes secrets, il sollicitait de lui, entre autres choses, l'interdiction absolue de toute annonce par voie de prospectus, avis imprimés, etc., ayant pour objet d'indiquer un médicament quelconque, une consultation, une méthode particulière ou générale de traitement.

J'ai pourtant sous les yeux un prospectus signé Burin du Buisson; j'y lis : *Solution de perchlorure de fer anti-contagieuse, préservatrice des virus de la rage, de la syphilis et des venins;* — plus loin, *prophylaxie de la syphilis.* — (Suit un mode de traitement, dont la lecture et l'application seront aussi morales qu'édifiantes pour les jeunes gens de l'un et de l'autre sexe.) *Prix du flacon : 5 fr.* (ce flacon contient 130 gr. d'un soluté très-faible de sesquichlorure de fer et d'acide citrique); *se trouve dans toutes les pharmacies.* — Pourquoi pas, M. Burin, dans toutes les *bonnes* pharmacies? Mon confrère a commis ici une omission qu'il a pris un soin religieux de ne pas commettre ailleurs; on lit, en

(1) Je viens de relire cette supplique avec la plus grande attention; elle est restée dans les archives de l'association, vierge de toute signature. Je ne dirai rien de son style, et je n'apprécierai que son esprit. Les remèdes secrets y sont anathématisés avec une virulente énergie; mais les spécialités y sont saluées d'un sourire amical, et on y ménage autant que possible les meilleures conditions de leur succès, comme si l'on ne faisait la guerre aux vendeurs des remèdes secrets que pour faire passer leurs dépouilles opimes aux mains des spécialistes.

effet, sur la couverture de son mémoire intitulé : *De la présence du manganèse dans le sang* : « Toutes les *bonnes* pharmacies *doivent* être pourvues des préparations ferro-manganésiques ci-dessus (1) ; ceux de nos confrères qui n'en auraient pas encore, sont priés d'adresser leurs demandes, soit à nous directement, soit à toutes les *bonnes* maisons de droguerie. »

On lit encore sur cette même couverture des témoignages touchants de la bonne confraternité qui anime M. Burin pour ses confrères les spécialistes de Paris :

« Poudre pour eau gazeuse ferro-manganique, de Burin du Buisson, *pour remplacer la poudre ferrée de Quesneville.*

» Pilules de carbonate ferro-manganeux inaltérable, *pour remplacer les pilules de Vallet et de Blaud*, etc. »

Il est temps de terminer une polémique déjà trop longue pour mes lecteurs, et aussi pour moi-même, qui m'en serais volontiers dispensé, si plusieurs membres du corps médical de Toulouse ne me l'avaient en quelque sorte imposée comme un devoir. Je me permettrai pourtant d'ajouter quelques mots, pour tirer de tout ce qui précède la morale qui y est contenue :

(1) Pourquoi les spécialistes et les dépositaires de leurs produits ne porteraient-ils pas à leur boutonnière un signe de leur incontestable supériorité, tandis que des peines disciplinaires atteindraient les pharmaciens assez oublieux de leur devoir pour ne pas propager les chefs-d'œuvre de MM. les spécialistes ?

1° Si M. Burin du Buisson, homme intelligent, chimiste distingué, collaborateur de MM. Pravas, Pétrequin, etc., lauréat de l'Académie impériale de médecine de Paris, a pu dévier, ainsi que ses écrits et ses actes le prouvent, de la saine doctrine et des bonnes traditions pharmaceutiques, entraîné qu'il a été, comme malgré lui, par le génie fatalement mauvais des remèdes secrets et des spécialités, que penser de la tourbe nombreuse des spécialistes ?

2° Si une spécialité acclamée par le monde médical, les académies, les journaux de médecine, déclarée parfaite par son auteur, a joui, pendant six ans, d'une grande célébrité, pour être, au bout de ce temps, reconnue d'une composition totalement défectueuse par tout le monde et par son auteur lui-même, que penser des spécialités vulgaires ?

La réponse est facile, et se trouve sur toutes les lèvres.

Puisse-t-elle se graver, en lettres ineffaçables, dans l'esprit du corps médical tout entier, pour son honneur, et dans l'intérêt des malades.

MAGNES-LAHENS.

Toulouse, 21 février 1861.

www.ingramcontent.com/pod-product-compliance
Lightning Source LLC
Chambersburg PA
CBHW060505200326
41520CB00017B/4915